AF460253

LES

EXPOSITIONS INDUSTRIELLES

Abus et Réformes

PAR

ADRIEN HUARD

AVOCAT A LA COUR IMPÉRIALE DE PARIS.

PARIS

E. DENTU, LIBRAIRE ÉDITEUR

Palais-Royal, galerie d'Orléans, 13 et 17.

1862

LES

EXPOSITIONS INDUSTRIELLES

ABUS ET RÉFORMES

Parmi les moyens de développer l'industrie d'un pays, il en est peu de plus efficaces que les expositions. En effet, comme on l'a dit avec beaucoup de justesse : « le travail ne vit, ne progresse, ne se transforme que par la comparaison, par la concurrence. » Appelez donc à un concours public les produits de fabricants rivaux, vous pouvez être assuré que l'amour-propre, l'intérêt, l'appât des récompenses, stimuleront de la façon la plus énergique l'effort des travailleurs.

Mais si l'utilité des expositions ne peut être contestée en théorie, la pratique ne laisse-t-elle pas beaucoup à désirer? N'y a-t-il pas de nombreuses et importantes réformes à apporter en cette matière? Nous l'avons entendu proclamer maintes fois par d'honorables industriels (1), et nous croyons rendre service à tous en nous faisant ici l'écho de leurs réclamations.

I

Et d'abord, on s'accorde généralement à reconnaître que le nombre des expositions est devenu excessif.

En 1798 eut lieu, au Champs de Mars, la première exposition industrielle. Dans les trente années qui suivirent, on ne compte que six expositions. Aujourd'hui nous en avons à peu près autant dans une seule année. N'avons-nous pas vu, en effet, se succéder, en 1861, l'exposition de Metz, celle de Nantes, celle de Marseille, celle de Châlons-sur-Marne, celle enfin des Arts industriels? Eh bien! il ne faut pas abuser des meilleures choses, et ce luxe d'expositions nous paraît bien près de l'abus.

Que peut faire un industriel modeste, un homme intelligent, mais qui débute, en présence des dépenses relativement considérables qu'un exposant a toujours à supporter? Ou bien il en courra les risques et préférera distraire de son industrie des

(1) Nous citerons particulièrement M. *Ch. Callebaut*, l'un de nos plus habiles fabricants, aux intelligentes observations duquel nous devons nos meilleurs renseignements.

ressources précieuses plutôt que de manquer à la lutte; mais alors qui osera dire que c'est là le meilleur emploi qu'il ait à faire de son argent? Ou bien il se résignera à rester chez lui, et, découragé peut-être, il verra des concurrents qui ne le valent pas, mais dont la bourse est mieux garnie que la sienne, revenir des concours avec des médailles et des diplômes.

Alternative également fâcheuse!

Il ne faut pas croire d'ailleurs que le sort des princes de l'industrie soit beaucoup plus digne d'envie. Pour eux, ce serait abdiquer que de laisser passer un tournoi sans y prendre part. Aussi leur vie se passe-t-elle en marches forcées de villes en villes, d'expositions en expositions.

En voici un exemple :

En 1860, l'exposition de Besançon et celle de Saint-Dizier eurent un moment une existence simultanée. Les jurys procédaient en même temps à leurs opérations, et nous connaissons un fabricant qui, arrivé à Saint-Dizier le matin pour assister à l'examen de ses produits, reprenait le soir le chemin de fer et volait vers Besançon pour se présenter également devant le jury.

Est-ce donc en chemin de fer et non dans ses ateliers que doit vivre un industriel?

II.

On a dit que l'exactitude est la politesse des rois. Elle n'est pas, assurément, la vertu des organisateurs de nos expositions.

Il serait difficile, en effet, de citer, dans ces derniers temps, une exposition qui ait commencé au jour fixé. Si les portes s'entr'ouvent ce jour-là, c'est pour offrir à l'œil du visiteur le spectacle confus des préparatifs de la fète. Ici des vitrines s'installent ; là, des produits tout récemment débarqués attendent qu'on les déballe. Souvent même le bâtiment affecté à l'exposition ne présente qu'une vaste solitude qui semble devoir ne se peupler jamais Peu à peu, cependant, les exposants arrivent, et, après avoir commencé au milieu des caisses, le concours finit quand il en survient encore.

Pourquoi se presser, du reste ? Non seulement les produits dont l'admission a été prononcée sont aussi bien accueillis à la fin qu'au commencement, mais on autorise encore, au bout de trois mois, à prendre part au concours, des fabricants qui ne se décident qu'alors à demander leur admission.

Qu'on y prenne garde! nos industriels s'habituent à ces retards, et bientôt les expositions n'ouvriront plus que l'année suivante.

Tout cela est déplorable.

Incomplètes pendant la majeure partie de leur cours, nos expositions perdent par cela même beaucoup de leur éclat.

Les visiteurs, surtout ceux qui viennent de loin, sont fort mécontents de s'être dérangés inutilement; ils jurent, mais un peu tard, qu'on ne les y prendra plus. Ainsi à Metz, cette année, une foule d'Allemands avaient passé la frontière et étaient accourus dès les premiers jours. Ils n'ont rien trouvé, sont repartis et ne sont plus revenus.

Entre les exposants qui arrivent le premier jour et ceux qui n'envoient leurs produits que trois mois plus tard, la partie n'est pas égale. Les objets qu'exposent les derniers ont toute leur fraîcheur, quand les autres sont déjà complétement fanés. Dans ces trois mois, le retardataire a pu réaliser des progrès importants. Qui pourrait même affimer que depuis l'ouverture de l'exposition il n'a pas fait copier et reproduire l'œuvre d'un concurrent plus exact ?

La plupart du temps, on est réduit à la nécessité de prolonger une exposition qui n'a existé, à vrai dire, qu'au moment où elle allait mourir; mais le remède est peut-être pire que le mal. En effet, l'exposant voit tous ses calculs de temps et d'argent mis à néant par cette prolongation. Dans le même moment, une autre cité l'appelle peut-être à une nouvelle lutte, et alors surgissent tous les inconvénients qu'engendre, comme nous l'avons indiqué plus haut, la simultanéité de deux expositions.

De l'exactitude ! voilà le véritable remède. Commencez à jour fixe; finissez à la date indiquée. N'admettez plus personne une fois l'exposition ouverte. Le moyen est simple, mais il sera efficace.

III.

Il est de l'intérêt de tout le monde que la somme prélevée à l'entrée des expositions soit aussi faible que possible.

C'est, en première ligne, l'intérêt du public. N'est-il pas évident, en effet, que moins le droit sera élevé, plus il y aura de visiteurs qui viendront s'initier aux merveilleuses conquêtes de l'industrie? Cette diffusion des lumières est un des plus précieux avantages de nos expositions, et il faut supprimer sans hésiter tout ce qui peut y faire obstacle. Or, le prix de 1 franc, qui est le plus ordinairement exigé, est trop élevé, surtout en province. Un paysan ne regarde pas à donner 25 centimes; il se refuse, au contraire, à donner 1 franc. Cela s'est vu à Besançon, où des gens de la campagne arrivaient par bandes, s'informaient du prix d'entrée, marchandaient, et, après avoir fait quelquefois huit ou dix lieues pour voir l'exposition, finissaient trop souvent par rendre au cabaret la visite qu'ils étaient venus faire au temple du travail. Nantes a offert le même spectacle. Les jours où le droit d'entrée était de 25 centimes, il y avait foule; il n'y avait presque personne quand il fallait payer 1 franc pour entrer. Le même fait se produira partout et toujours; on peut l'affirmer sans crainte de se tromper.

Ce n'est pas moins l'intérêt des exposants que celui du public qui recommande l'adoption de droits très minimes. Que demande l'exposant ? Qu'il y ait le plus grand nombre possible de visiteurs. Sinon, il est dans la triste situation d'un acteur qui vient débiter son rôle devant des banquettes vides.

C'est enfin l'intérêt bien entendu des villes qui prennent à leur charge les frais d'une exposition. L'expérience a démontré qu'il y avait un profit certain à fixer très-bas le prix d'entrée. Voici des chiffres que nous avons tout lieu de croire exacts et qui ont leur éloquence : à Bordeaux on payait 50 centimes dans la semaine et 25 centimes le dimanche. Le bénéfice a été de 30,000 francs environ. A Besançon on payait 1 franc dans la semaine et 50 centimes le dimanche. La perte a atteint près de 50,000 francs. Pour couvrir cette perte il a fallu avoir recours à une loterie. Chaque billet était de 5 francs, et les exposants étaient *invités* à en prendre au moins une série de cinq, soit 25 francs. Dans les derniers temps, on s'était décidé à ne demander que 25 centimes le dimanche, et alors les salles regorgeaient de monde. A Nantes la perte n'est pas évaluée à moins de 100,000 francs. Le droit d'entrée était fixé à 1 franc le vendredi, à 50 centimes les autres jours de la semaine et à 25 centimes le dimanche. Il fallait en outre payer les mêmes prix pour entrer à l'exposition des beaux-arts. Eh bien, le dimanche seul donnait des recettes importantes, à tel point que les quatre dimanches d'un mois produisaient plus que les autres jours du mois réunis.

Nous voudrions plus encore : il faudrait laisser entrer gratuitement les ouvriers et les enfants des écoles.

Il est vrai que, par une faveur exceptionnelle, on accorde souvent aux ouvriers l'autorisation d'entrer en payant une somme moindre que celle à laquelle est soumis le public; mais il leur faut, pour jouir de cet avantage, commencer par perdre plusieurs heures pour justifier de leur qualité d'ouvriers. Ensuite, ne nous le dissimulons pas, l'ouvrier est plutôt froissé que satisfait de ce privilége. A ses yeux, on le traite en mendiant ; on lui fait, non pas une gracieuseté, mais une aumône. Donnez-lui au contraire l'entrée libre des expositions sur la simple présentation de son livret (1); motivez cette mesure par le rôle qu'il joue dans l'industrie, par sa coopération aux produits que chacun admire ; vous le releverez alors à ses propres yeux au lieu de l'humilier, et après tout vous n'aurez fait que justice.

Nous réclamons également l'entrée gratuite pour les enfants des écoles. Cette idée n'est pas nouvelle. A Londres, en 1851, on pouvait voir sur la Tamise

(1) On pourrait assigner un jour unique, le dimanche, par exemple, à ces visites d'ouvriers.

des bateaux chargés d'enfants, garçons et filles, qui se rendaient à l'Exposition universelle. Cette année, à Nantes, on a admis les enfants trouvés à visiter les produits exposés, sans qu'ils aient eu à payer aucun droit. C'est un précédent qu'il faut suivre en le généralisant. Il suffit quelquefois de la vue d'une machine pour décider la vocation d'un enfant et le porter vers la mécanique ou l'industrie. Plus d'une fois aussi, l'histoire nous l'atteste, ces jeunes intelligences si promptes et si vives ont découvert, par une sorte d'intuition, des améliorations importantes qui avaient fait jusque-là l'objet de longues et infructueuses recherches.

IV.

Pour tous les points que nous venons d'examiner, le remède est sous la main. On pourra, dès qu'on le voudra, restreindre le nombre des expositions, les ouvrir et les fermer à jour fixe, abaisser les droits d'entrée et dispenser de tout paiement les ouvriers et les enfants des écoles. Il n'est malheureusement pas aussi facile de donner satisfaction aux plaintes dirigées contre les jurys.

Déjà, en 1855, dans son rapport sur l'exposition universelle, le prince Napoléon disait : « L'organisation des jurys est vicieuse. Il est impossible d'en faire fonctionner le mécanisme d'une manière régulière. »

Si telle était l'impression laissée par un jury composé d'un très grand nombre d'hommes éminents, on peut s'imaginer tout ce qu'il y a de défectueux dans les jurys des expositions de province. L'insuffisance du personnel, l'absence trop fréquente de connaissances spéciales chez ceux qui le composent, la rapidité des travaux qui leur sont imposés, etc., etc., ont soulevé un mécontentement général et menacent d'écarter de la lutte les plus dignes représentants de notre industrie.

Frappés de ces inconvénients, les organisateurs de l'exposition de Nantes ont introduit dans leur règlement une disposition nouvelle. Ils ont créé un jury d'étude qui examine les divers produits exposés; les exposants sont tous appelés à prendre part à l'étude des produits compris dans la classe à laquelle ils appartiennent; enfin les résultats de l'enquête ainsi effectuée par les jurys d'étude sont soumis à l'appréciation du jury des récompenses. C'est, comme on le voit, un examen à deux degrés combiné avec une intervention des exposants eux-mêmes.

Que doit-on penser de cette innovation? Tout ingénieuse qu'elle paraisse au premier abord, elle n'a nullement réussi à Nantes. Ainsi qu'on pouvait s'y attendre, la critique des produits exposés, à laquelle étaient conviés les exposants eux-mêmes, a donné lieu aux discussions les plus violentes, aux scènes les plus regrettables. La machine à coudre que vous examinez n'est que de la ferraille, disait un concurrent. Ce vin est frelaté, disait un autre. Pourquoi, demandait-on aux tailleurs, vendez-vous vos habits si cher, tandis que les confectionneurs les livrent à si bon marché ? La raison en est simple, répondaient les tailleurs : c'est que les confectionneurs paient mal ou même oublient de payer le drap qu'ils emploient. Et ainsi du reste. Nous laissons à penser quelles inimitiés sont nées de ces querelles imprudemment provoquées.

Est-ce à dire qu'il faille condamner irrévocablement le système inauguré à Nantes et renoncer pour toujours aux avantages que présente ce jugement de chaque industriel par ses pairs ? Tel n'est pas notre avis. Nous pensons qu'il est possible de conserver aux exposants le droit de critique, en réglant l'exercice de ce droit de la manière suivante :

« Un certain nombre d'exposants seraient adjoints au jury d'étude, mais avec voix consultative seulement.

» On choisirait de préférence ces exposants parmi ceux qui ont déjà obtenu des récompenses aux expositions précédentes.

» Chacun de ces exposants adjoints au jury cesserait d'avoir voix consultative dès qu'il s'agirait de l'examen des produits qu'il aurait exposés lui-même. »

Il nous semble que ces dispositions présentent tous les avantages de la mesure dont l'exposition de Nantes a pris l'initiative et qu'elles n'en laissent subsister aucun des inconvénients. Le jury recueillerait de la bouche des exposants admis dans son sein tous les renseignements dont il aurait besoin pour s'éclairer. Sans doute ces renseignements, donnés par des rivaux, pourront laisser à désirer sous le rapport de l'impartialité ; mais où est le mal, puisque, de son côté, l'exposant sera admis à célébrer sur tous les tons les louanges de son produit ? Entre l'éloge et la critique le jury décidera. Désormais cette critique, en se produisant à huis clos, dans le secret des délibérations, et non en face de l'exposant et de ses concurrents ameutés, ne soulèverait plus ces tempêtes que la ville de Nantes a vu éclater.

V.

Il arrive assez fréquemment que des industriels qui ne fabriquent rien en France et qui n'y possèdent que de simples dépôts de produits étrangers, apportent ces produits à nos expositions nationales et cherchent à prendre part au concours, comme si les objets qu'ils exposent étaient de provenance française.

Ils devraient être impitoyablement exclus.

En effet, dès qu'une exposition est, non pas universelle, mais nationale, c'est violer manifestement la pensée de ceux qui l'ont instituée que d'y admettre des produits étrangers. Non-seulement le bon sens le dit, mais le règlement de toutes les expositions le porte.

Cependant ces intrus prennent place dans les galeries, et quand leurs concurrents, bien et dûment Français, veulent les faire déguerpir, ils résistent, contestent et soutiennent que, si la main de l'étranger a pu passer par leurs produits, la leur a fait la plus grande partie de l'ouvrage. Après enquête, on découvre qu'ils ont assemblé les pièces d'une machine ou lui ont mis des pieds.

Voilà toute leur peine!

Dans ces circonstances, c'est le droit et le devoir des autres exposants de protester énergiquement. Quelques-uns l'ont fait; mais s'ils ont réussi le plus souvent, nous avons le regret de dire qu'ils ont quelquefois échoué.

Au moment où l'exposition de Londres va s'ouvrir, il nous a paru particulièrement utile de dénoncer cet abus, car il serait fort regrettable que, dans le très-étroit espace réservé à la France, quelques-uns de ces étrangers déguisés vinssent usurper, au détriment de nos nationaux, une place qui ne leur appartient pas.

VI.

Nous avons des expositions *universelles*, des expositions *nationales*, des expositions *régionales*. Il faut que chacune conserve son caractère.

Nous venons de voir que nos expositions nationales donnaient quelquefois asile à des produits étrangers; les expositions régionales se font souvent nationales, et c'est un tort.

Qu'en résulte-t-il?

Qu'on ne peut plus apprécier d'une manière exacte l'importance de la production de cette partie de la France pour laquelle l'exposition était faite; qu'un grand nombre de produits de la localité passent inaperçus auprès des produits similaires émanés des fabriques les plus considérables de notre pays; qu'enfin c'est ainsi qu'on multiplie à l'excès, pour nos industriels, les voyages d'une exposition à l'autre, et qu'on les fait aller incessamment de Nantes à Metz et de Marseille à Châlons-sur-Marne.

Il importe donc à tout le monde que les expositions régionales restent fidèles à leur titre et n'admettent pas dans leur sein des produits étrangers à la région où elles s'ouvrent. De cette façon, on pourra, sans aucun inconvénient, faire dans une année autant d'expositions régionales qu'on le voudra.

VII.

On lit dans le règlement de quelques expositions que les exposants devront annexer à leurs produits une note résumant leurs avantages et établissant, s'il y a lieu, leur *nouveauté*.

Pourquoi soulever cette question de nouveauté ? Comment la trancher? A l'aide de quels documents? Il est étrange de voir les jurys se jeter de gaieté de cœur dans l'examen d'une question qui est exclusivement du domaine de la justice, et dont l'appréciation est toujours si délicate. Ajoutons que les jurys n'ont pas eu jusqu'ici la main heureuse dans les appréciations qu'ils ont faites de la nouveauté des produits qui leur étaient soumis. D'éclatants démentis leur ont été infligés par les tribunaux. Laissez donc de côté ce souci et ne vous livrez pas à une étude périlleuse pour tous : pour le jury dont elle discrédite les décisions, pour le public dans lequel elle répand une erreur, pour le breveté lui-même auquel elle peut inspirer une sécurité trompeuse.

VIII.

Un dernier mot sur les récompenses.

Elles ont donné lieu à une foule de fraudes. Les uns ont mentionné sur leurs prospectus des médailles quand ils n'en avaient jamais obtenu; d'autres, qui avaient été récompensés pour un genre de produit, ont, sur leurs enseignes ou leurs annonces, indiqué cette récompense de manière qu'elle parût applicable à tous leurs produits, sans distinction; d'autres enfin, le fait est historique, ont fait dorer la médaille de bronze qui leur avait été accordée.

Nous ne nous arrêterons point à ces manœuvres déloyales. Il est impossible de les prévenir, mais il est facile de les réprimer, et la justice, à qui cette mission appartient, saura faire énergiquement son devoir. Nous nous bornerons à avertir les industriels que, suivant une jurisprudence fort sage, les tribunaux ont reconnu à chacun d'eux le droit de demander, contre leurs concurrents, la suppression de ces indications mensongères. Cette police de l'industrie peut, il est vrai, n'être pas du goût de tout le monde; aussi applaudirions-nous de tout cœur à la création de sociétés qui, composées de commerçants honorables, poursuivraient sans relâche ces actes de piraterie.

Il est d'autres sociétés qui ne méritent pas les mêmes encouragements, et qui cependant ont su trouver des fondateurs et des partisans. En voici une, par exemple, qui a pour but de venir en aide à ceux qui n'ont jamais remporté, à une exposition quelconque, la plus petite distinction, pas même une mention honorable. Brûlent-ils du désir de se dire médaillés comme tel ou tel de leurs rivaux? Ils n'ont qu'à s'enregimenter, moyennant une simple cotisation de 12 francs, sous la bannière de cette société. Les associés se décernent les uns aux autres des récompenses, et, par une innovation remarquable, c'est le membre récompensé qui choisit lui-même le métal de sa médaille. Veut-il une médaille d'or? Il lui suffit d'en faire les frais. Se contente-t-il d'une médaille d'argent? Cette récompense plus modeste lui sera aussi moins coûteuse. Il y a même la médaille de vermeil pour ceux qui tiennent à la couleur de l'or, mais qui ne tiennent pas à en payer le prix. Voilà certes une invention admirable! Le public qui voit sur les factures des membres de cette association, sur leurs enveloppes et sur leurs enseignes : « *médaille d'or* ou *médaille d'argent*, » pense que ce sont là des récompenses accordées dans nos expositions, et le tour est joué.

De semblables associations ne devraient pas être autorisées.

Voici maintenant les réformes que nous voudrions voir introduire dans les règlements de nos expositions, en ce qui touche les récompenses :

Il faudrait réviser la classification actuelle. Aujourd'hui il y a le diplôme d'honneur, des médailles d'or de 1re et de 2e classe, des médailles d'argent divisées également en deux catégories, quelquefois trois sortes de médailles de bronze et la mention honorable. Celui qui a obtenu une médaille d'or de 2e classe l'annonce au public par ces mots : médaille d'or. Il se garde bien d'indiquer qu'il n'a eu qu'une médaille de 2e classe, et par cette omission, il fait disparaître la différence que le jury a voulu établir entre lui et celui auquel il a conféré la médaille d'or de 1re classe. La division des médailles d'argent et des médailles de bronze en plusieurs catégories présente les mêmes inconvénients. On devrait, pour rendre cette fraude impossible, prendre la nature du métal pour base unique de la classification des médailles, et supprimer les subdivisions actuellement établies entre les médailles d'un même métal. Il n'y aurait plus dès lors que les récompenses suivantes :

1° Le diplôme d'honneur;
2° La médaille d'or;
3° La médaille d'argent,
4° La médaille de bronze;
5° La mention honorable.

Le jury met *hors concours* certains industriels d'une supériorité incontestée et qui ont déjà obtenu toutes les distinctions possibles. Rien de mieux; mais ce que nous ne pouvons admettre, c'est que des exposants se déclarent eux-mêmes « hors concours » et se délivrent, de leurs propres mains, un brevet de supériorité. Il en est pourtant ainsi, et ce n'est pas toujours l'effet de l'opinion peu modeste que ces industriels ont de leur mérite, c'est, quelquefois aussi, parce que, après avoir pris connaissance des autres produits exposés, ils redoutent un échec dont leur réputation aurait à souffrir. Ils désertent alors le champ de bataille ; mais, en tacticiens habiles, ils dissimulent leur retraite, et se font inscrire sur le catalogue avec cette mention : hors concours. Le public s'incline devant ces prétendus maîtres de l'industrie, et la déroute se change en triomphe. Plus de ces ruses ingénieuses ! Le jury doit seul avoir le droit de mettre hors concours ceux qu'il jugera dignes de cet insigne honneur. Quant à ceux qui se sentiront défaillir au moment du combat, qu'ils prennent ouvertement la fuite, ou s'exposent à être battus.

Avec les règlements en vigueur, un fabricant de meubles, par exemple, peut, après avoir reçu une médaille pour une table qu'il a exposée, présenter de nouveau cette table à toutes les expositions. Il peut obtenir une médaille à chacune d'elles, et, avec du temps et beaucoup de pérégrinations, il aura un jour, pour le même produit, dix, vingt, trente médailles. Assurément son mérite, comme fabricant, n'est pas plus grand à la trentième médaille qu'à la première, et cependant sa renommée grandira en proportion du nombre des récompenses qu'il aura obtenues. Cette situation appelle une urgente réforme. Le fabricant déjà médaillé ne devrait pouvoir briguer une nouvelle médaille qu'autant que, depuis la première, il aurait réalisé un progrès nouveau.

Mais, dira-t-on, le personnel des jurys n'est pas le même à chaque exposition, et alors comment sera-t-il possible à des hommes qui n'ont pris aucune part aux appréciations des précédents concours de décider que l'exposant a, oui ou non, progressé depuis qu'il a été récompensé ?

La réponse est fort simple. Il suffirait que les décisions du jury fussent motivées. Désormais on saurait ce que le jury a trouvé digne d'éloges dans le produit qu'il a distingué, et il serait facile de constater si ce produit se présente à une exposition ultérieure avec des qualités qu'il n'avait pas auparavant.

On attend ordinairement au dernier jour d'une exposition pour distribuer les récompenses. Il vaudrait beaucoup mieux ne pas attendre si tard. D'abord ce serait pour l'exposant récompensé le moyen de recueillir de ces distinctions honorifiques un avantage plus positif. Recommandés à l'attention du public, ses produits trouveraient facilement des acheteurs à l'exposition même. Le public, de son côté, ne serait-il pas heureux d'être guidé dans ses choix par les indications d'hommes compétents et désintéressés ? Il en résulterait enfin un avantage non moins sérieux : c'est que les appréciations du jury seraient soumises au contrôle de l'opinion. Garantie certaine de la sagesse et de l'impartialité de ses décisions !

Les Anglais, dont le sens droit et l'esprit pratique sont passés en proverbe, ne s'y sont pas trompés. Ils procèdent généralement à la distribution des récompenses un mois après l'ouverture de leurs expositions. C'est un exemple dont il serait bon de faire notre profit.

Telles sont les modifications que nous voudrions voir introduire dans les règlements de nos expositions. Nous n'avons pas la prétention d'avoir trouvé la solution la meilleure pour chacun des abus que nous avons signalés. Ces abus existent et nous les avons fait connaître, heureux si la publicité que nous leur donnons peut contribuer à les détruire !

TABLE.

—

PARIS. — IMPRIMERIE CENTRALE DE NAPOLÉON CHAIX ET Cᵉ, 20, RUE BERGÈRE. — 10122.

www.ingramcontent.com/pod-product-compliance
Ingram Content Group UK Ltd.
Pitfield, Milton Keynes, MK11 3LW, UK
UKHW020535180726
13839UKWH00006B/2518